AF495909

LES EAUX MINÉRALES DE CHARBONNIERES, Dites DE LAVAL, EN LYONNOIS.

BIBLIOTHEQUE NATIONALE

Par M. DE MARSONNAT, *Curé de la Paroisse de Tassin & Charbonnieres, en Lyonnois; Associé correspondant de la Société Royale d'Agriculture de Lyon.*

RECUEIL mêlangé de mes trois petits Ouvrages, imprimés à Lyon, avec approbation & permission : *Analyse des eaux minérales de Charbonnieres*, dites de Laval, 1784. *Supplément d'analyse*, 1785. *Précis du succès desdites eaux minérales*, 1787.

J'ajouterai des remarques utiles pour les malades.

JE découvris les eaux minérales de Charbonnieres, dites de Laval, le 30 septembre 1778.

La source de ces eaux est à l'extrêmité de la paroisse de Tassin en Lyonnois, dans le canton de Charbonnieres, à deux cents pas au dessous du château de Laval. Le moulin, la levée d'où sortent les eaux, les bois & les fonds des environs, appartiennent à M. de Laval, qui a fait beaucoup de dépenses pour empêcher les eaux de la riviere de se mêler avec les eaux minérales.

La ſource eſt à l'occident de la ville de Lyon, éloignée d'une lieue & demie de ladite ville ; & d'un quart de lieue à la gauche de la grande route de Lyon à Paris, par le Bourbonnois.

Elle eſt dans une vallée environnée de monticules, & ſort avec rapidité, à un pied & demi au-deſſus du terrein d'une levée de moulin qui a trente-cinq pieds de hauteur, parmi les bois & les rochers. La ſituation eſt agréable au printemps, en été & en automne, à raiſon de l'ombrage ; en hiver elle eſt des plus triſtes.

La ſource donne cinq pouces d'eau ; la quantité ne diminue jamais, elle augmente quelquefois après les grandes pluies ; la pluie finie, elle reprend, après quelques jours, ſon état naturel.

Les eaux de cette ſource ſe jettent dans un petit ruiſſeau qui eſt à ſec ſix à ſept mois de l'année ; après le cours d'une lieue & demie, ſe perd dans le Rhône.

L'eau de cette ſource eſt très-limpide, néanmoins, en l'examinant dans un verre, on y voit une infinité de particules en mouvement : elle a un goût de fer & de ſoufre ; l'odeur du ſoufre ſe fait ſentir déſagréablement lorſqu'on approche de la ſource, plus ou moins, ſuivant le changement du temps.

Ces eaux ſechent le palais, & leur effet eſt ſi volatil, qu'elles perdent leur force à la ſource même, expoſées à l'air libre, après deux ou trois minutes.

Elles ſont les ſeules eaux minérales connues en Europe de cette qualité ; elles ont trois caracteres qui les diſtinguent des autres.

Premier caractere. Ces eaux ſont plus froides

qu'aucune eau minérale ; le thermometre de la division de M. de Réaumur, dans les temps les plus chauds, monte au neuvieme degré. Il faut observer que la hauteur du neuvieme degré n'est que dans la plus grande chaleur du jour ; & que les mêmes jours, depuis trois heures du matin jusqu'à sept heures, le thermometre ne monte pas plus haut que le septieme degré.

M. Raulin, médecin, dans le traité analytique des eaux minérales en général, de leurs propriétés & de leurs usages dans les maladies, fait par ordre du gouvernement, &c. &c., à Paris, chez Vincent, T. I, pag. 18, dit : *On divise les eaux minérales en accidules ou froides, & en thermales ou chaudes. Les eaux minérales froides, ont un degré de chaleur égal à celui de l'athmosphere tempéré ; c'est ce degré de chaleur qui les tient en dissolution.* Dans les eaux minérales de Charbonnieres, le thermometre de M. de Réaumur monte par gradation, suivant la chaleur, depuis le cinquieme degré jusqu'au neuvieme, & jamais plus haut. Si le savant M. Raulin eût connu des eaux minérales plus froides que le degré de l'athmosphere tempéré, il ne se seroit pas expliqué ainsi.

Second caractere. Ces eaux se troublent & reprennent leur limpidité.

Ces eaux se troublent, mises dans des bouteilles bien bouchées, après 24 heures, plutôt ou plus tard, suivant la chaleur ; le résidu tombe au fond de la bouteille, dans l'intervalle de deux mois pour l'ordinaire, ce dépôt ou résidu se rencontre dans l'eau, qui est pour lors très-limpide ; les réactifs font le même effet dans cette eau que dans l'eau de la fource. (1).

J'ai confervé de cette eau, dans des bouteilles, pendant trois ans ; elle faifoit le même effet avec les réactifs, & avoit le même goût qu'à la fource, & étoit auffi limpide, fans veftige de dépôt ; phénomene extraordinaire, qui ne fe trouve que dans les eaux de Dunfe en Ecoffe ; mais les eaux de Dunfe font différentes de celles de Charbonnieres, en ce que les eaux de Charbonnieres ont cinq à fix degrés de fraîcheur de plus que celles de Dunfe.

Troifieme caractere. La noix de galle noircit les eaux de Charbonnieres jufqu'à ficcité.

J'ai mis plufieurs fois, dans de grands vafes pleins d'eau minérale de Charbonnieres, de la noix de galle, qui a noirci l'eau, & cette couleur a duré jufqu'à ficcité. Dans les eaux minérales ferrugineufes, la noix de galle noircit l'eau ; mais cette couleur diminue & ne continue pas jufqu'à ficcité, comme dans les eaux de Charbonnieres.

L'on doit conclure de ces trois caracteres différents des autres eaux, qu'elles doivent opérer des effets extraordinaires.

J'ai mis dans une grande terrine de grès, des eaux de Charbonnieres, & les ai confervées pendant quinze mois à l'air libre, fur leurs dépôts ; après ce temps elles étoient très-limpides ; elles n'étoient point corrompues, & avoient le goût des eaux ordinaires.

---

(1) Ces eaux font quelquefois limpides, après quinze jours ou trois femaines, &c.

J'ai rempli ſix gobelets différents de lait de femme, de lait de jument, de lait de vache, de lait de chevre, de lait de brebis, & de lait d'âneſſe; dans ſix autres gobelets, j'ai mis moitié de ces laits & moitié eau minérale; l'eau minérale n'a cauſé aucune agitation ni effervescence dans le lait, la crême s'eſt aigrie également ſur le lait pur & le lait mêlé avec l'eau; le lait de brebis a donné plus de crême; enſuite celui de chevre; le lait de femme, celui de jument & celui de vache en ont donné la même quantité; le lait d'âneſſe eſt celui qui en a donné le moins.

Dans l'intervalle de deux, trois ou quatre jours, ſuivant la chaleur, la crême s'aigrit ſur le lait pur, & le lait mêlé avec l'eau.

J'ai remarqué que le lait pur, ſous la crême, s'eſt aigri & caillé en même temps que la crême; mais le lait mêlé avec l'eau minérale, après en avoir ôté la crême, avoit le même goût que dans le moment que je le mêlai, & a continué plus de deux fois vingt-quatre heures ſans changer de goût & s'aigrir. Il faut en excepter le lait de chevre pur ou mêlé avec l'eau minérale, qui s'eſt aigri dans le même temps.

J'ai fait cette expérience dans le mois de juillet 1784, & l'ai continuée pluſieurs fois, pendant une année, & les réſultats ont toujours été les mêmes.

J'ai été convaincu dans la ſuite de l'utilité de ces obſervations ſur le lait, par ceux qui vouloient mêler du lait de chevre avec l'eau minérale; après la boiſſon ils vomiſſoient tous de suite le lait caillé ; & ceux qui mêloient le lait de vache avec l'eau, n'étoient point fatigués. J'ai connu des personnes qui vomissoient tous les aliments & le lait de vache, qui, ayant bu du lait de vache mêlé avec l'eau minérale, n'ont point vomi, & la digestion s'est faite librement, & peu-à-peu ont été guéries.

Les eaux de Charbonnieres font différents effets à ceux qui les boivent, soit qu'ils aient les symptômes d'une même maladie, ou d'une maladie différente ; je crois que cela provient de la différente constitution, ou des humeurs internes des malades.

Le plus grand nombre de ceux qui boivent les eaux les rendent par les urines, demi-heure ou une heure après les avoir bues ; d'autres ne les rendent que la nuit suivante ; d'autres n'en rendent presque point & passent par une légere transpiration.

Quelques buveurs évacuent en diarrhée, sitôt qu'ils ont bu les eaux.

D'autres buveurs, le premier jour, vomissent ; d'autres, pendant deux ou trois jours, & dans la suite, évacuent en diarrhée pendant quelques jours.

Elles procurent quelquefois une diarrhée continuelle à ceux qui les boivent. Des buveurs m'ont assuré avoir bu les eaux pendant un mois, que, chaque jour, ils évacuoient en diarrhée trois ou quatre fois ; & que cette diarrhée continuoit pendant plus de quinze jours après avoir bu les eaux, & être radicalement guéris.

Tous les buveurs m'ont assuré qu'une heure ou deux après avoir bu les eaux, ne ressentir aucune pesanteur d'estomac, de quelque maniere que les eaux passent.

Les eaux de Charbonnieres sont excellentes dans toutes les maladies où il est question de délayer, inciser, atténuer, des humeurs visqueuses & tenaces; déterger, nettoyer l'estomac & les intestins, fondre & résoudre des humeurs trop épaisses qui embarrassent les tuyaux tortueux des glandes.

Elles sont ferrugineuses & sulfureuses, & ces qualités se trouvant réunies, forment un véritable æthiops martial, & purifient le sang, le faisant circuler librement, en le nettoyant de son acrimonie & impureté, en pénétrant dans toutes les parties du corps; la cause de presque toutes les maladies détruites, l'effet cessera infailliblement.

Ces eaux agissent sept ou huit mois, & même plus long-temps, après leur boisson. Le régime opere des effets salutaires. Ceux qui boivent de ces eaux doivent consulter les personnes de l'art, soit pour la préparation convenable avant la boisson des eaux, soit pour le temps, soit pour la quantité qu'on doit en boire chaque jour, soit pour combien de jours, & agir suivant leur conseil, avant, pendant & après la boisson des eaux, afin qu'ils se procurent, par leur usage, les bons effets qu'elles promettent.

Lorsque le temps est favorable pour boire les eaux de Charbonnieres, j'y vais presque tous les jours, excepté les Fêtes & Dimanches;

je fais la conversation avec les buveurs. Lorsque je suis seul avec un malade, je demande pour quelle maladie il boit les eaux ; je prie ceux à qui je fais ces questions, de ne pas croire que c'est la curiosité qui me fait agir, mais pour être utile à l'humanité. Ce que j'apprends est sous le secret. En agissant de la sorte, j'ai découvert la guérison de différentes maladies. L'assiduité que j'ai eue d'aller aux eaux, m'a donné des connoissances, en parlant aux malades, & examinant les effets que les eaux faisoient sur les différentes maladies.

Ceux qui boivent ces eaux, pour qu'ils profitent des effets salutaires qu'elles promettent, ne doivent point manger de crudité, ni salé, ni fromage, sur-tout celui de chevre. Plusieurs malades m'ont assûré que, pour peu qu'ils mangeassent de fromage de chevre, ils vomissoient tout de suite. Ils doivent éviter l'humidité, & suivre le conseil que je donne, non-seulement pendant la boisson de ces eaux, mais encore pendant le temps qu'elles font leur effet.

Ces eaux sont très-agissantes.

Ceux qui boivent de ces eaux, doivent en user avec modération ; l'excès pourroit être nuisible par l'effervescence violente qu'elles donnent au sang en le purifiant.

Ceux qui boivent de ces eaux, doivent éviter de s'y laver, & ne doivent point prendre de bains froids pendant le temps que ces eaux font leur effet ; parce que la fraîcheur répercuteroit intérieurement l'humeur qui sort par une légere transpiration, qui purifie le sang, & l'irruption que ces eaux occasionnent quelquefois, cesseroit, empêcheroit ou retarderoit l'effet salutaire des eaux, & pourroit produire une maladie mortelle.

Les malades ne doivent pas s'inquiéter, après avoir bu ces eaux, pendant quelques jours, de ressentir des douleurs dans les endroits où est le siége de la maladie ; c'est preuve que les eaux attaquent la partie malade, pour la guérir.

Ces eaux font souvent sortir des boutons dans différentes parties du corps, à ceux qui les boivent ; cette irruption salutaire purifie le sang.

Elles occasionnent souvent, à ceux qui les boivent, une révolution totale, qui fait beaucoup souffrir, & une grande évacuation. La révolution finie, ils guérissent ou sont beaucoup soulagés. Dans les maladies invétérées, ces révolutions se renouvellent plusieurs fois, avant la parfaite guérison ; les remedes ne peuvent faire effet sans renouveller les ressentiments de la maladie.

Les malades ont quelquefois une forte révolution & évacuation, quinze jours ou trois semaines, &c. &c. après avoir bu les eaux ; ils ne doivent pas s'inquiéter, & laisser agir la nature, & même l'aider.

Je conseille de boire les eaux à la source, & j'exhorte ceux qui ne peuvent pas les boire à la source, d'en faire prendre dans des bouteilles de verre bien bouchées, & de les conserver chez eux ; & avant que de les boire d'examiner si elles sont limpides, si le dépôt est entiérement concentré, ce qui s'apperçoit aiſément dans des bouteilles de verre. Pour l'ordinaire ce dépôt eſt concentré après deux mois. Lorſque ces eaux ont repris leur limpidité, de quelque maniere qu'on agite les bouteilles qui les contiennent, elles ne ſe troublent pas, & lorſqu'on a débouché une bouteille, & qu'on en a bu un verre, ſi on ne continue pas à finir la bouteille dans l'intervalle du jour, le reſte de l'eau ſe trouble de même que lorſqu'on l'a priſe à la ſource.

Quoique je conſeille de boire les eaux à la ſource, quelques malades ont été guéris les ayant bues à Lyon ; mais la guériſon n'a pas été ſi prompte.

Lorſqu'on boit les eaux, il faut mettre la bouteille dans de l'eau très-fraîche, une heure avant que de les boire, afin qu'elles aient la même fraîcheur qu'à la ſource.

REMARQUES UTILES

Pour le temps qu'on doit faire proviſion des eaux minérales.

J'AI rempli des bouteilles, les ai étiquetées chaque jour. M. Morel, médecin, m'a communiqué ſes obſervations météorologiques ; j'ai reconnu que, pour que le dépôt des eaux ſe reconcentre, il falloit remplir les bouteilles lorſque le vent du nord domine, & qu'il n'a pas plu depuis quelque temps, indifféremment pendant toute l'année, excepté les mois de juin, juillet, août & septembre ; parce que le dépôt de l'eau prise dans ce temps, ne peut se reconcentrer aisément.

J'exhorte ceux qui veulent profiter de ces eaux, de ne pas attendre que la maladie soit invétérée ; si les malades les boivent dans le commencement de la maladie, ils seront bientôt guéris ; plus ils attendront de boire les eaux, plus la guérison sera difficile : les malades ne doivent pas attendre d'être à l'extrêmité, il faut que la maladie donne le temps aux eaux de faire leur effet.

Plusieurs personnes disent : l'on peut boire de ces eaux indifféremment ; je suis d'un sentiment contraire. Pour les boire avec succès, il faut se mettre au régime, éviter tout excès, & le serein pendant long-temps, parce que l'effet de ces eaux est quelquefois prompt, d'autres fois lent & tardif, & s'insinue peu à peu dans le sang : si on n'observe pas ce que je prescris, on ne sera pas soulagé par l'usage de ces eaux ; au contraire, on s'exposeroit à des maladies mortelles : quand on fait des remedes, il faut les faire avec précaution.

Je conseille à ceux qui veulent boire les eaux, de consulter si ces eaux leur seront utiles, & s'ils sont dans le cas de continuer à les boire ; parce que, lorsqu'on a commencé à boire ces eaux, elles remuent les humeurs, & pourroient occasionner des maladies dangereuses à ceux qui cesseroient de les boire.

Lorsqu'une maladie n'est pas ancienne, l'on peut boire les eaux de Charbonnieres, & être guéri ; pour les maladies invétérées, il faut plus de précaution. J'observe que dans différentes maladies, pour que la guérison s'ensuive, on doit éprouver plusieurs fortes révolutions ; il faut examiner si ceux qui doivent boire les eaux peuvent les soutenir, soit par l'âge, soit par la foiblesse du tempérament.

Ces eaux agissent avec force ; je ne pourrois désigner la quantité qu'on doit en boire ; la prudence doit guider : il faut le premier jour en boire peu, & augmenter jusqu'au troisieme & quatrieme jour, & continuer la même quantité pendant qu'on les boit, en diminuant la quantité comme on a fait en commençant à les boire ; je crois qu'il convient d'en boire une petite quantité, & de continuer plus long-temps à les boire ; j'ai remarqué que ceux qui agissoient ainsi, s'en trouvoient bien, étoient guéris, & les révolutions n'étoient pas si fortes qu'à ceux qui en buvoient une grande quantité.

Ceux qui, demi-heure, &c. après qu'ils ont bu les eaux, sentent un besoin de manger, doivent prendre tout de suite un peu d'aliment. J'ai connu plusieurs personnes à qui j'avois conseillé d'agir de la sorte, qui m'ont assuré, que lorsqu'ils se sentoient besoin de manger, & qu'ils retardoient deux ou trois heures ; les moindres aliments les fatiguoient, si-tôt qu'ils avoient mangé, & que lorsqu'ils ont pris quelques légeres nourritures, quand ils s'appercevoient de besoin, que pour lors ils dînoient de bon appétit, & digéroient facilement.

Plusieurs buveurs d'eau, les premiers jours

qu'ils les boivent, ont beaucoup d'appétit ; d'autres, après avoir bu les eaux pendant une huitaine de jours, l'appétit cesse. Je leur conseille de continuer à boire les eaux, parce qu'elles ont mis les humeurs en mouvement ; s'ils ne continuoient pas de les boire, une maladie dangereuse pourroit survenir.

Ceux qui boivent les eaux lorsqu'ils n'évacuent pas, pourront prendre avec succès des lavements & des bains ; mais il faut que ces bains soient plutôt chauds que froids, par la raison que j'ai dite auparavant, & ces bains contribuent à l'effet salutaire des eau. Une personne qui a bu les eaux, doit renoncer aux bains froids pendant une année ; j'ai connu des personnes dangereusement malades pour avoir pris des bains trois mois, & d'autres six mois après avoir bu les eaux.

Les sels sont très-utiles quelquefois à ceux qui boivent les eaux, pour procurer l'évacuation ; je conseille le sel de glauber, parce qu'il est analogue à ces eaux, qui en contiennent. Il faut mettre le sel de glauber, ou autre sel, la veille dans un peu d'eau pour le dissoudre, & mettre le sel dissous dans le premier gobelet qu'on boit, en le remplissant d'eau minérale ; si on n'a pas cette précaution, le sel pulvérisé dans un gobelet, est à l'instant crystallisé par la fraîcheur de l'eau de la source.

La qualité de purifier le sang est la seule des eaux minérales de Charbonnieres ; le sang purifié, toute maladie cesse.

Ces eaux furettent les parties les plus imperceptibles du corps, comme le mercure, &

détruisent tout le vice qui peut être dans le sang ; ces eaux agissent par les urines plus ou moins abondantes, plus ou moins chargées, par les selles & par les e crémens, par une légere ou abondante transpiration, soit locale, soit totale, par l'éruption qui produit du pus & des boutons dans une partie du corps, ou dans plusieurs parties, par la salivation & expectoration, plus ou moins grande, par les narines, les yeux & les oreilles, & fait sortir par toutes ces voies, tout ce qui est impur dans le corps, & ne laisse que le sang le plus pur exempt de tout vice.

La meilleure analyse qu'on puisse faire des eaux minérales, est les guérisons qu'elles procurent, l'évidence n'a pas besoin d'autres preuves ; l'expérience est la maîtresse des arts.

Je me contenterai d'observer que les eaux minérales de Charbonnieres contiennent du fer, du soufre, du vitriol de mars, du sel de glauber, de terre absorbante de sélenite, & un gaz si volatil, qu'aucun chymiste ni physicien ne peut l'apprécier.

M. Vicq-d'Azir, secretaire perpétuel de la société royale de médecine, m'écrivit le 16 mars 1784, & me marqua que la société royale de médecine, dans sa séance publique, avoit fait une mention honorable du mémoire que je lui avois envoyé, concernant les eaux minérales de Charbonnieres, dites de Laval ; ce qui m'engagea à le faire imprimer.

Ces eaux seront très-utiles à l'humanité ; l'obligation en est due à la société royale de médecine ; sans elle, je n'aurois pas mis au jour mes foibles talents.

Je dois à défunt M. Maret, secretaire perpétuel de l'académie de Dijon, une grande reconnoissance ; il m'a instruit, soit de vive voix, soit par la correspondance que j'ai toujours eue avec lui jusqu'à sa mort, & m'a assuré que le phénomene de ces eaux, qui se troubloient & reprenoient leur limpidité, annonçoit des qualités extraordinaires, les ayant examinées, après l'envoi que je lui avois fait de trente bouteilles.

GUÉRISONS

Faites par les eaux de Charbonnieres.

CES eaux guérissent les fievres dans le sang, & autres fievres pernicieuses, qui ont résisté aux remedes les mieux administrés. Fievres.

Ces eaux guérissent la teigne, vulgairement appellée rache, aux enfants ; & lorsque la maladie est rentrée, ces eaux la font reparoître pour la guérir radicalement. Teigne.

Elles dissipent les maux de tête les plus invétérés, plusieurs personnes ont été guéries ; deux particuliers qui avoient eu une espece d'attaque d'apoplexie, & qui ressentoient des maux de tête semblables à ceux qu'ils avoient eus avant leur attaque, ont bu les eaux en 1788, & m'ont assuré qu'après la boisson de Les maux de tête.

ces eaux, la tête a été guérie de tous ses maux.

La vue. Elles éclairciſſent la vue ; pluſieurs perſonnes l'ont éprouvé. Un Monſieur de Lyon, qui étoit obligé de ſe ſervir de lunettes pour ſe conduire, & qui avoit fait des remedes ſans ſuccès, après avoir bu les eaux pendant quinze jours, en 1788, a été guéri. Une fille, âgée de neuf ans, aveugle depuis vingt-ſix mois, but les eaux de Charbonnieres, en 1779, pendant un mois, & a été guérie : on ne peut douter de la ſolidité de la guériſon, puiſque, depuis ce temps, elle a toujours joui de la vue. Une dame qui avoit perdu l'œil droit depuis ſept ans, avoit des maux de tête, & une douleur continuelle à l'œil gauche, craignant toujours de le perdre, a bu les eaux en 1788 ; les maux de tête, & la douleur à l'œil gauche ont ceſſé.

Menſtruations. Ces eaux procurent les menſtruations aux perſonnes du ſexe, qui ne ſont pas réglées, & les renouvellent à celles à qui ces purifications ont ceſſé depuis long-temps.

Goître. Elles diſſipent le goître. Deux demoiſelles, âgées de treize à quatorze ans, avoient une groſſeur à la gorge, avec dureté, ce qui annonçoit le goître, ont bu les eaux pendant quinze jours ou trois ſemaines, en 1788 ; la groſſeur s'eſt ramollie & diſſipée.

Aſthme. Elles guériſſent l'aſthme. Pluſieurs perſonnes qui étoient attaquées de cette maladie, ſont guéries ; & moi, auteur de ce petit Ouvrage, je bus pendant vingt jours, dans le mois de ſeptembre 1779, deux pintes de ces eaux,

& fus guéri à la fin du mois de mars suivant; la toux, & la difficulté de respirer cesserent, l'expectoration fut libre : j'étois atteint de cette maladie depuis 30 ans, & je ne dois pas craindre que cette maladie revienne, puisque je n'ai eu aucun ressentiment depuis le mois de mars 1780.

Plusieurs personnes dont la voix se perdoit, ont parlé facilement, particuliérement un Monsieur qui, par état, étoit obligé de parler en public, après avoir fait inutilement des remedes pendant seize mois, a bu pendant le mois de juin 1788, les eaux de Charbonnieres, & a été guéri. **La voix.**

Ces eaux guérissent toutes sortes de dartres & espece de lepre, & même les chancres & scorbut; plus de quatre-vingts personnes ont été guéries de dartre. **Dartres. Scorbut.**

Elles guérissent les hydropysies. Un hydropique de Mâcon fut guéri en 1785. Cinq à six hydropiques ont été guéris en 1788 : chose extraordinaire, on défend aux hydropiques de boire de l'eau; cependant les eaux de Charbonnieres ont guéri les hydropiques, ce dont on ne peut douter. **Hydropisies.**

Elles guérissent les dépôts de lait les plus invétérés; ces dépôts occasionnent pour l'ordinaire des douleurs dans tout le corps, des enflures, des glandes, des fleurs blanches, des engourdissements, & des difficultés de marcher : par la boisson de ces eaux, le lait sort par les urines, par les excréments, par vomissement & expectoration, & par les oreilles, &c. En 1786, une personne a été guérie; en 1787, une **Dépôt de lait.**

autre ; & en 1788, plus de vingt à trente femmes ont été guéries : une, d'un dépôt de lait depuis 30 ans ; une, depuis 27 ans ; d'autres, depuis 18 ans, & 15 ans, &c.

Squirres. Elles guérissent les squirres à la matrice. En 1788, deux femmes ont été guéries : l'une avoit un squirre depuis 11 ans, l'autre depuis 18 mois.

Hémorrhoïdes & fistule. Elles guérissent les hémorrhoïdes & fistule ; quelques personnes ont été guéries. Une femme qui avoit les hémorrhoïdes depuis 26 ans, & étoit menacée de la fistule, a été guérie. Un particulier qui avoit un rhumatisme depuis 3 ans, qui l'empêchoit de marcher, & des hémorrhoïdes qui le faisoient beaucoup souffrir, & lui avoient occasionné une fistule à l'anus, dont on devoit lui faire l'opération, a bu pendant un mois, en 1788, les eaux de Charbonnieres, marche avec liberté, les hémorrhoïdes & la fistule ont disparu. Une femme qui nourrissoit, avoit la fievre depuis 10 mois, de même que son enfant, & des hémorrhoïdes qui la faisoient souffrir, avec crainte de la fistule : après 10 jours de la boisson de ces eaux, en 1788, la fievre & celle de l'enfant ont disparu ; & toutes les douleurs hémorrhoïdales, après 15 jours de la boisson de ces eaux, ont cessé.

Graviers & calcul. Ces eaux détruisent le gravier & le calcul ; j'ai des pierres de la grosseur d'un pois, & une autre de la grosseur & figure d'un noyau d'olive, que des particuliers ont rendues par l'uretre, après la boisson des eaux de Charbonnieres.

Elles guériſſent les rétentions d'urine, & les incontinences d'urine, quoique deux maladies oppoſées. Rétention & incontinence d'urine.

Elles guériſſent les paralyſies, ce qui eſt de notoriété publique. Paralyſies.

Ces eaux rétabliſſent l'eſtomac, diſſipent les obſtructions : pluſieurs perſonnes qui ne pouvoient ſoutenir la plus légere nourriture, même le bouillon le moins nourriſſant, n'ayant pas la force de marcher & de ſe ſoutenir, après la boiſſon de ces eaux, ont été guéries. Eſtomac. Obſtructions.

D'autres ont été guéries d'obſtructions accompagnées de fievre dans le ſang, & jauniſſe ; d'autres, de glandes dans pluſieurs parties du corps & dans le ſein, qui avoient pris inutilement des fondants, & des remedes les mieux adminiſtrés ; pluſieurs avoient bu ſans ſuccès les eaux de Vichy pour obſtructions, ont été guéris par ces eaux. Jauniſſe. Glandes.

Des perſonnes qui avoient la goutte ont bu les eaux de Charbonnieres : après trois ou quatre jours de la boiſſon de ces eaux, les douleurs de goutte ſe renouvellent, pendant trois ou quatre jours, & ces douleurs ſont ſupportables, & n'empêchent point d'agir, & dans la ſuite la goutte ne revient pas, ce qui m'a été certifié par cinq ou ſix goutteux depuis quelques années. La goutte.

J'ai vu pluſieurs buveurs attaqués d'humeurs froides ou écrouelles, qui ont été beaucoup ſoulagés, en 1788, & je ſuis perſuadé, que s'ils continuent à boire les eaux avec attention, ils ſeront radicalement guéris. Humeurs froides.

Epilepsie. Un particulier, dans le mois de mai 1787, étant aux eaux de Charbonnieres, me dit qu'il étoit attaqué du mal caduc, si je croyois que ces eaux le guériroient : je lui répondis que ces eaux ne pouvoient pas lui faire mal, mais que j'ignorois si elles le guériroient. Dans le le mois de février 1788, je rencontrai à Lyon ce même particulier, qui me dit qu'il avoit bu les eaux de Charbonnieres pendant trois semaines dans le mois de mai 1787, qu'il tomboit auparavant du mal caduc tous les huit jours; que pour l'ordinaire il prenoit ce mal plus souvent la nuit que le jour; que quand il en étoit atteint une fois le jour, il en étoit atteint trois ou quatre fois la nuit; que la veille de son accident, il avoit un mal-aise, & que le lendemain, il étoit beaucoup fatigué; qu'il étoit marié & couchoit avec sa femme; que depuis qu'il avoit bu les eaux, il n'avoit eu aucun accident, & que sa femme ne s'étoit apperçu de rien, & qu'il étoit guéri.

Un particulier âgé de 54 ans, qui tomboit tous les huit jours du mal caduc depuis cinq ans, a bu pendant quinze jours, en 1788, les eaux de Charbonnieres, & a été guéri.

Maladie siphillitique. Plusieurs personnes ont été guéries de la maladie siphillitique, par la boisson des eaux de Charbonnieres.

Epizootie. L'épizootie qui occasionna des pertes considérables dans plusieurs provinces de France, s'étendit dans la généralité de Lyon, & commença à Charbonnieres dans le mois d'août 1744; le nombre des bœufs & des vaches, dans le canton de Charbonnieres, étoit de cent vingt-trois, de ce nombre cent douze furent attaquées de l'épizootie, sept guérirent, cent cinq périrent, les onze autres, qui étoient au moulin de Laval, savoir, quatre bœufs, six vaches, & un taureau, ne furent point malades, ce qui ne peut s'attribuer qu'à l'eau minérale que ces animaux burent pendant les chaleurs, quoiqu'ils eussent une communication continuelle avec les autres bœufs & vaches, qui périrent, pour ainsi dire, tous.

Farcin des chevaux.

Des chevaux de tirage de riviere, farcineux, ont bu les eaux de Charbonnieres, dans le mois de septembre 1788. Plusieurs de ces chevaux ont été guéris; je présume que les eaux ont opéré la guérison, je ne l'assure pas; parce que ces chevaux avoient pris des remedes que des maréchaux avoient donnés.

Je ne donne point de certificat, parce que plusieurs personnes qui ont donné des certificats de guérison, ne veulent pas être connues, & m'ont néanmoins permis d'en faire part à ceux qui auroient la même maladie, pour en conférer avec eux.

On m'objectera que je suis enthousiaste des eaux de Charbonnieres, puisque, suivant mon dire, elles guérissent presque toutes les maladies: un remede n'est pas universel.

Je réponds que ces eaux guérissent de beaucoup de maladies; la plus grande partie des maladies provenant d'un vice dans le sang, ces eaux le purifiant, le faisant circuler librement, lui ôtant son acrimonie, & furetant les plus petites parties du corps, guérissent les maladies dont j'ai fait mention.

Je prie ceux qui croient que j'exagere les guérisons que ces eaux procurent, de se rendre à la source, pendant quelques jours, dans le temps favorable ; de boire les eaux, depuis sept heures du matin jusqu'à dix heures, ils seront convaincus de la vérité de mes assertions, & ne douteront plus, comme il est arrivé, en 1788, à plusieurs personnes qui ne vouloient pas croire.

Le plus grand bonheur que je puisse avoir, est d'être utile à l'humanité ; je ne saurois exprimer la joie que j'ai eue aux eaux, par le nombre des buveurs, particuliérement en 1788, où, pour le moins cent cinquante personnes buvoient journellement les eaux. Je demandois à un chacun l'état de sa santé ; presque tous me répondoient qu'ils étoient contents des eaux. Il n'y a qu'une ame sensible qui puisse imaginer le plaisir dont je jouissois.

Les eaux de Charbonnieres ne sont pas indifférentes ; il faut les prendre avec précaution. Les roses sont toujours accompagnées d'épines. Si j'ai vu avec satisfaction beaucoup de personnes guéries par les eaux de Charbonnieres ; j'ai appris avec douleur, que quelques particuliers, en petit nombre, n'étoient pas contents des eaux : les uns, parce qu'ils boivent les eaux lorsque leur maladie est au dernier période & sans espérance ; d'autres qui les boivent sans aucune précaution, & prennent des remedes astringents qui arrêtent les effets salutaires des eaux. Ils ne doivent pas se plaindre des eaux, mais de la maniere dont ils ont agi en les buvant & après les avoir bues.

Je donne au public la recette d'un onguent qui sera très-utile, particuliérement à la campagne. J'exhorte les seigneurs, les curés, & les personnes bienfaisantes, d'en faire usage.

Mon pere & ma mere ont fait usage de cet onguent avec succès, depuis le commencement de ce siecle; & moi, depuis le 2 avril 1740, que je suis curé de Tassin.

Recette d'onguent.

℞ Deux livres graisse de mouton.
Deux livres graisse de bœuf.
Deux livres poix résine.
Deux livres poix blanche ou de Bourgogne.
Deux livres cire jaune.
Demi-livre poix noire ou de cordonnier.

Il faut faire fondre le tout, ainsi qu'il suit, dans un pot de terre verni; il faut que le pot soit plus grand que le contenu, parce qu'il s'éleve beaucoup.

Il faut faire fondre la graisse de mouton & de bœuf; la graisse fondue, il faut ôter les peaux; les peaux ôtées, il faut mettre la poix résine & la poix blanche; la poix fondue, mettre la cire jaune; la cire jaune fondue, mettre la poix noire: il faut remuer le tout, pendant qu'il fond, avec une spatule de bois.

Le tout fondu, vous le passez dans un linge, & le versez dans un vase où est un peu d'eau, le laissez prendre. Cet onguent se conserve, & ne peut être mangé ni par les chats ni par les rats. On s'en ſert comme d'autre onguent. Il ne faut jamais laver la plaie ni avec vin, ni avec eau-de-vie.

Il convient de faire cet onguent à l'air libre, parce que l'odeur eſt très-forte.

Permis d'imprimer & diſtribuer. A Lyon, ce 9 *mai* 1789. *Signé*, REY.

A LYON, DE L'IMPRIMERIE DE LA VILLE. 1789.

www.ingramcontent.com/pod-product-compliance
Ingram Content Group UK Ltd.
Pitfield, Milton Keynes, MK11 3LW, UK
UKHW021033220726
13924UKWH00001B/278